Índice

Título: Metabolismo en ayuno y Diabetes mellitus tipo 1

Autor: Mario Rodríguez Peña

Edición: CreateSpace Independent Publishing Platform

Fecha de publicación: Enero de 2009

ISBN: 978-1-5028-5879-5

Introducción

Se pretende estudiar el metabolismo de glúcidos, lípidos y aminoácidos en distintas condiciones hormonales, más concretamente a distintas relaciones de insulina/glucagón, propiciadas por 2 situaciones distintas, el ayuno y la Diabetes mellitus tipo 1 (deficientes en insulina por destrucción de las células β del páncreas) en contraste con las ratas control en las que predomina la insulina. Se verá que en las ratas en ayunas y diabética, donde predomina el glucagón, está estimulada la expresión de la PEPCK (enzima gluconeogénica) así como las rutas de gluconeogénesis, glucogenolisis, lipólisis, cetogénesis y síntesis de colesterol (en menor medida) a diferencia de las ratas control. En el metabolismo de aminoácidos no se observaron cambios apreciables.

Material y métodos

1. <u>Tratamiento de ratas Wistar</u>

   a. Ratas control: tienen acceso libre a una dieta comercial rica en glúcidos

   b. Ratas en ayunas: se las retira la comida 24 horas antes del sacrificio, dejándoles únicamente libre acceso al agua.

   c. Ratas diabéticas: se las inyecta intraperitonealmente estreptozotocina (15 mg/0,5 ml de PBS lo que equivale a 60 mg/kg de peso), una glucosamina-nitrosourea que es transportada selectivamente por los canales GLUT2 de las células β del páncreas, encargadas de la producción de insulina, y una vez dentro ejerce su acción alquilante (emula la destrucción autoinmune de las células β cuya causa puede ser la enfermedad celíaca). Estas ratas tienen libre acceso a la comida.

2. Obtención de las muestras

   a. Obtención del plasma: se corta en V la piel y la capa muscular y se separa la masa intestinal hacia un lado para dejar al descubierto la vena cava y la arteria aorta. Se añade 0,1 ml de heparina al 1% en la cavidad abdominal y con una lanceta se realiza una incisión en la vena cava y arteria aorta. Se recoge la sangre que fluye con una jeringa heparinizada lentamente para evitar la hemólisis y evitando tomar restos de tejido y coágulos. La sangre recogida se pasa a un tubo de centrífuga con 0,1 ml de heparina y se centrífuga durante 5 min a 1000 rpm

   b. Homogenado de hígado: De la anterior rata se extrae a continuación el hígado completo y se deposita en un matraz con 20 ml de solución salina. Se pesan dos trozos de hígado de aproximadamente 0,5g y se introducen en dos matraces uno con 9,6 ml de sacarosa 0,25 M y otro con $HClO_4$ al 2% ($F_h = 20$). Con un homogeneizador Potter-Elvehjem se homogeneiza primero el hígado en sacarosa y se trasvasa a un tubo de centrífuga grueso. Se centrífuga a 2000 rpm durante 20 min y se toman 2 ml del sobrenadante para hacer el ensayo de PEPCK. Luego se homogeneiza el hígado en $HClO_4$ y se pone en el matraz en que estaba para utilizarlo después.

3. Determinación de la actividad PEPCK en el hígado

En el sobrenadante del homogenado en sacarosa se encuentra la PEPCK a valorar. Entonces se añade en un tubo 0,1 ml de este extracto hepático y 3 ml de la mezcla de reacción que contiene: IDP, HCO_3^-, NADH, MDH, Mn^{2+} y glutatión reducido (para prevenir oxidación exógena) en exceso para que se dé la reacción de valoración siguiente (inversa a la que se da en condiciones fisiológicas):

PEPCK (Mn^{2+}): PEP + IDP + HCO_3^- = OAA + ITP

MDH: OAA + NADH (340 nm) = L-malato + NAD^+

Esta reacción se hace por duplicado junto con un blanco en el que se añade 0,1 ml de agua en vez de extracto hepático.

Se incuban las cubetas en un baño a 37°C durante 5 min y se dispara la reacción añadiendo 0,2 ml de PEP en el tubo en el que se va a hacer la cinética. A partir de estas cinéticas se determinara la actividad de la PEPCK

4. Determinación de glucosa

   a.   Hidrólisis de glucógeno: Se centrifuga el homogenado hepático en $HClO_4$ a 1000 rpm durante 10 min y se pipetea el sobrenadante hepático en un tubo de 2 ml del cual se recogen 0,2 ml en otro tubo al que se añade 3 ml de mezcla enzimática I (con α-amiloglucosidasa). Se incuba a 40°C durante 40 minutos para provocar la hidrólisis y finalmente se añaden 0,8 ml de

$HClO_4$ al 2%. Este será la solución para determinar la glucosa total.

b. Valoración de glucosa: Se preparan una serie de diluciones de la muestra:

Glc libre	Control	Ayuno	Diabética
F_d	20	10	20
Muestra/agua	0.5/9.5 ml	0.5/4.5 ml	0.5/9.5 ml
Glc total			
F_d	10	4	4
Muestra/agua	0,5/4.5 ml	1/3 ml	1/3 ml
Glc plasmática			
F_d	40	40	100
Muestra/agua	0.05/2 ml	0.05/2 ml	0.05/5 ml

Luego se realiza una recta patrón con distintas concentraciones de glucosa:

Concentración	Glucosa 0,2 mM (ml)	Agua (ml)
Blanco	0	1
0,04 μmol / ml	0.2	0.8
0,10 μmol / ml	0.5	0.5
0,16 μmol / ml	0.8	0.2
0,20 μmol / ml	1	0

Y en otros 3 tubos se añade 1 ml de la mezcla para determinar Glc libre, total y plasmática. Se añade a todos los tubos 2,5 ml de mezcla enzimática II (glucosa oxidasa, peroxidasa y o-dianisidina al 0,1%) produciéndose la siguiente reacción:

GOD: glucosa + O_2 + H_2O = ácido D-glucónico + H_2O_2

POD: H_2O_2 + DH_2 = 2 H_2O + D (coloreado)

Se lee la absorbancia a 440 nm tras 20 minutos (ajustando a 0 con el blanco)

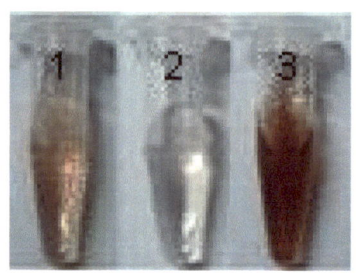

5. <u>Determinación de TAG, colesterol total y cuerpos cetónicos</u>

   a. Determinación de TAG

   Se preparan 3 tubos: a todos se añade 1 ml de solución de trabajo (reactivo 2 + 3) y:

   Blanco: 10 µl de agua

   Patrón: 10 µl de patrón de glicerol 2 g/l (reactivo 1)

   Problema: 10 µl de la muestra

   Se incuban a 37°C durante 5 min y se lee en el espectrofotómetro a 505 nm. La reacciones que se producen son las siguientes:

   Lipasa: TAG = glicerol + ácidos grasos

   Glicerokinasa: Glicerol + ATP = glicerol-3-fosfato + ADP

   Glicerol 3-fosfato oxidasa: Glicerol-3-fosfato = DHAP + H_2O_2

POD: reacción colorimétrica del H_2O_2 que desencadena la reacción entre el 4-AAP y el p-clorofenol para dar quinona-imina.

b. Determinación de colesterol total

Se preparan 3 tubos: a todos se añade 1 ml de reactivo y:

Blanco: 10 µl de agua

Patrón: 10 µl de patrón de colesterol 2 g/l

Problema: 10 µl de la muestra

Se incuban a 37°C durante 5 min y se lee en el espectrofotómetro a 500 nm. La reacciones que se producen son las siguientes:

Colesterol esterasa: Ester de colesterol = colesterol + ácidos grasos

Colesterol oxidasa: Colesterol = 4-Colesten-3-ona + H_2O_2

POD: reacción colorimétrica del H_2O_2 que desencadena la reacción entre el 4-AAP y el fenol para dar quinona-imina.

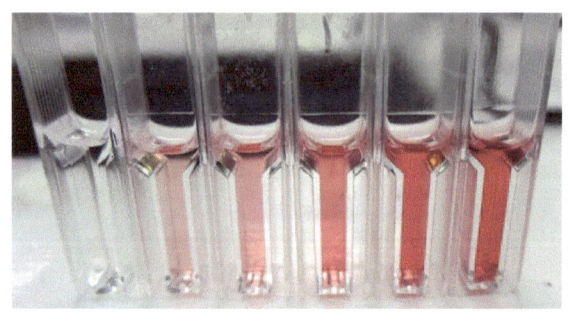

c. Determinación de cuerpos cetónicos

Se añade a un tubo reactivo Lestradet (con nitroprusiato sódico en medio alcalino con sulfato amónico y carbonato sódico) y 3 o 4 gotas de plasma. Si hay presencia de cuerpos cetónicos (acetona o acetoacetato) se volverá de color morado.

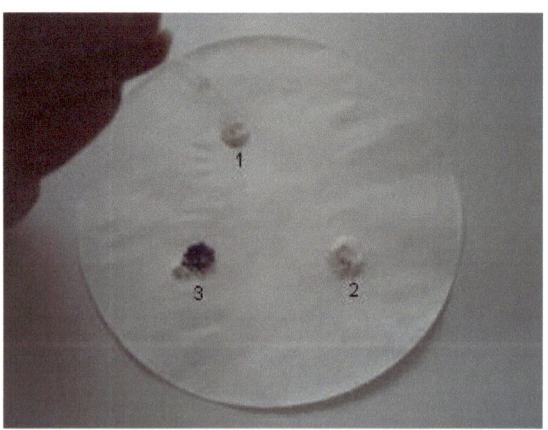

6. Determinación de urea

Se preparan 2 tubos: a ambos se añade 1 ml de solución de trabajo (reactivo 2 + 3) y se atempera a 30°C durante 5 min, después se añade:

Patrón: 10 µl de patrón de urea 0,5 g/l (reactivo 1)

Problema: 10 µl de la muestra

Se toma el valor de absorbancia a 340 nm y se deja incubando 1 min, pasado el cual se vuelve a leer de nuevo la absorbancia. Las reacciones que se producen son las siguientes:

Ureasa: $Urea + H_2O = 2\ NH_3 + CO_2$

GLDH: $2\ NH_4^+ + 2\ \alpha\text{-}KG + 2\ NADH\ (340\ nm) = 2\ glutamato + 2\ NAD^+ + 2\ H_2O$

Resultados

1. <u>Determinación de la actividad PEPCK en el hígado</u>

Para calcular la actividad enzimática de la PEPCK se hace una cinética enzimática y con estos datos se hace una regresión lineal de las muestras, obteniendo de ellas la pendiente que nos servirá para determinar la actividad enzimática:

$$ActE(\mu mol/\min\cdot g) = \frac{pte}{\varepsilon_{NADH}}\frac{V_T(ml)}{V_{muestra}(ml)}F_H =$$

$$= \frac{pte}{6,22\,\mu mol/ml}\frac{3,3ml}{0,1ml}20ml/g$$

Y se obtuvieron los siguientes valores de 3 ratas por condición:

PEPCK	Media	SD
Control	1,124	0,350542
Ayuno	2,1475	2,307688
Diabetes	2,29	0,513907

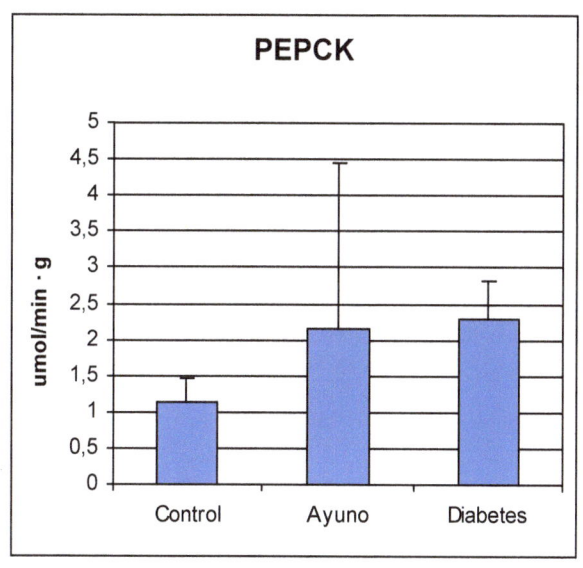

2. Determinación de glucosa

Se obtiene la recta patrón a partir de las disoluciones patrón de glucosa:

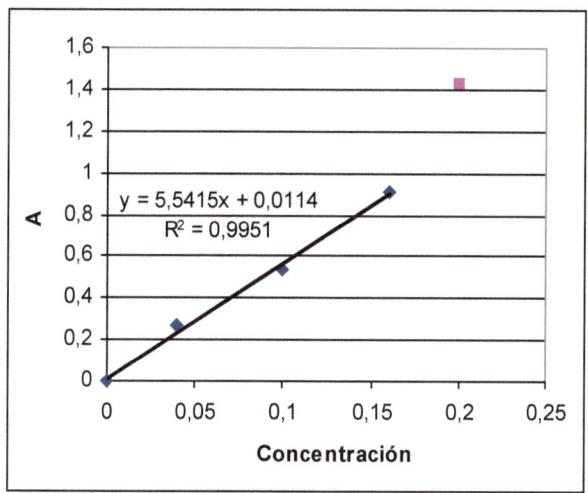

Una vez obtenida la ecuación de la recta se obtienen los valores de glucosa libre, total y plasmática, los cuales hay que añadirle una serie de factores de dilución y homogenado para obtener el valor real en la muestra

Glucosa libre: $x * F_d * F_h = x * 10 * 17$ µmol / g tejido

Glc libre	Media	SD
Control	49,21667	10,43425
Ayuno	2,133333	0,680686
Diabetes	34,25	10,14479

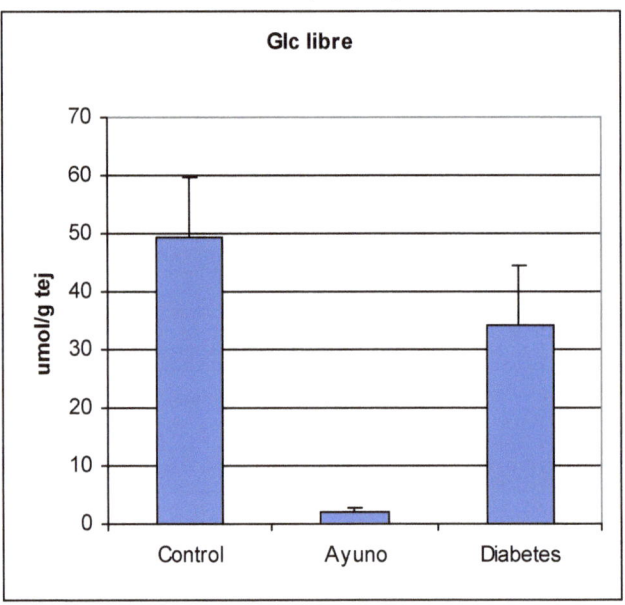

Una vez obtenidos estos valores se obtienen los valores de:

Glucógeno = Glucosa total – Glucosa libre

Siendo la Glucosa total: $x * 4/0.2 * F_d * F_h = x * 4/0,2 * 4 * 17$ µmol / g tejido

Glucógeno	Media	SD
Control	333,78331	84,9917
Ayuno	130,12536	65,23623
Diabetes	125	50,20624

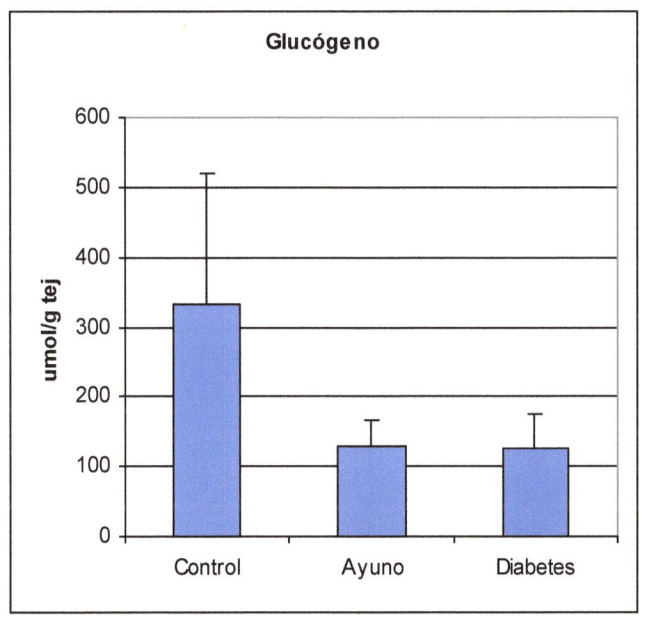

Glucógeno

Glucemia = glucosa plasmática * Pm /10 = glucosa plasmática * 18

Siendo la Glucosa plasmática: $x * F_d = x * 40$ µmol / ml

Glucemia	Media	SD
Control	9,98	0,78867
Ayuno	4,86	1,755847
Diabetes	37,25	3,201562

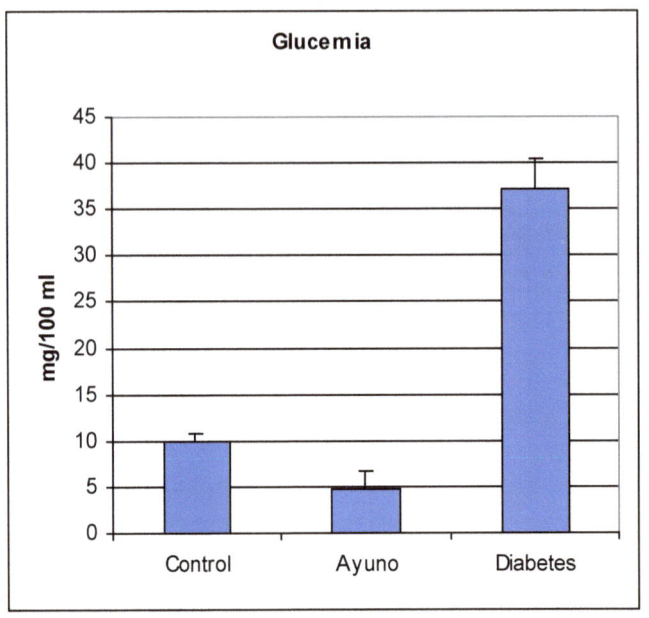

Glucemia

3. <u>Determinación de TAG, colesterol total y cuerpos cetónicos</u>

a. Determinación de TAG

$$mg/100ml = \frac{A_{muestra}}{A_{patrón}} \cdot 200mg/dl$$

TAG	Media	SD
Control	34,2225	30,0006
Ayuno	35,475	18,2235
Diabetes	428,3333	111,8496

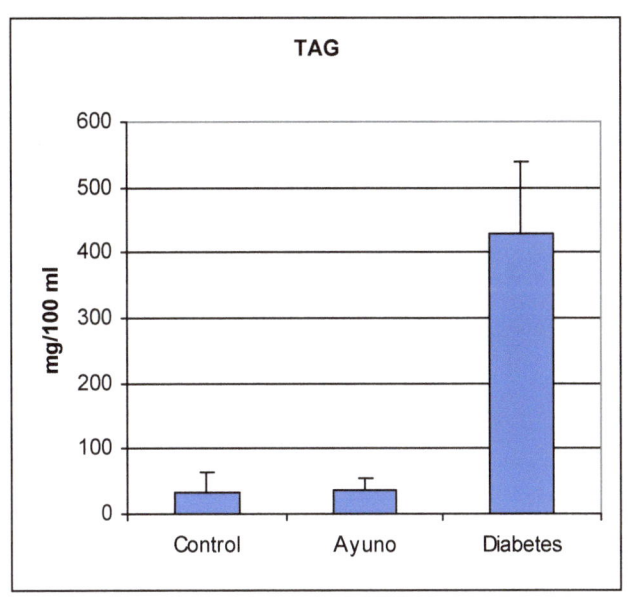

b. Determinación de colesterol

$$mg/100ml = \frac{A_{muestra}}{A_{patrón}} \cdot 200mg/dl$$

Colesterol	Media	SD
Control	47,53333	21,83261
Ayuno	71,21	7,32354
Diabetes	75,75	17,59498

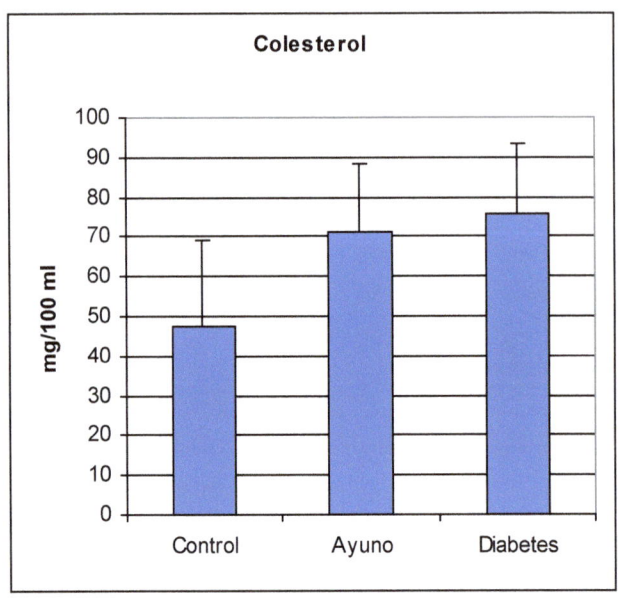

c. Determinación de cuerpos cetónicos

Las intensidades fueron:

Rata control: 0

Rata en ayunas: +

Rata diabética: +++

4. <u>Determinación de urea</u>

$$mg/100ml = \frac{\Delta A_{muestra}}{\Delta A_{patrón}} \cdot 50mg/dl$$

Urea	Media	SD
Control	59,58333	11,54546
Ayuno	22,825	11,32795
Diabetes	43,75	7,762087

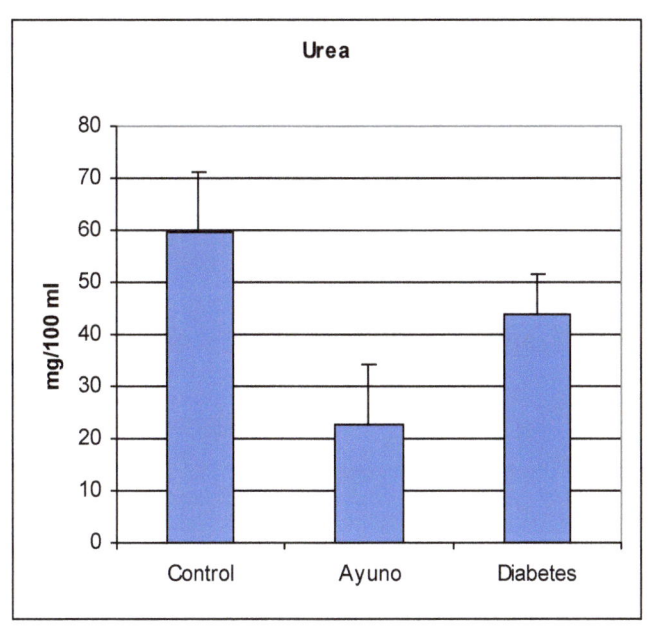

Discusión

Para discutir estos resultados hay que tener en cuenta que la proporción de insulina/glucagón en estas condiciones es:

Control: insulina > glucagón

Ayuno: insulina < glucagón

Diabetes mellitus tipo 1: insulina << glucagón

1. Determinación de la actividad PEPCK en el hígado

Esta enzima clave en la gluconeogénesis está regulada a nivel génico de forma hormonal, el glucagón y la adrenalina estimulan su síntesis. Así tenemos un valor de control (1,12) < ayuno (2,15) < diabetes (2,29).

2. Determinación de glucosa

El valor de la glucemia permanece casi constante tanto en la rata control (9,98) como en la de ayunas (4'86, glucemia algo menor). Para mantener constante este valor en la rata control el exceso de glucosa se almacenará en forma de glucógeno (aparte de tener activa la glucólisis) mientras que en la rata en ayunas degradará glucógeno para mantener la concentración plasmática (además de activar la gluconeogénesis). Esto está regulado por la relación insulina/glucagón:

En la rata control la Insulina al activar la Proteína Fosfata desfosforila a:

I.   Glucólisis:
   a. Dominio regulador de PFK-2/FBPasa-2 (activando PFK-2): forma fructosa-2,6-bisP que activa la FosfoFructoKinasa 1 (en la glucólisis: fructosa-6-P + ATP = fructosa-1,6-bisP + ADP)
   b. Piruvato Kinasa (activándola): en la glucólisis: PEP + ADP = piruvato + ATP
II. Gluconeogénesis: Fructosa-1,6-BisPasa (inactivándola). No se necesitan sustratos gluconeogénicos como ciertos aminoácidos (cuya desaminación produce urea)
III. Glucogenolisis: Glucógeno   Fosforilasa (inactivándola)

IV. Glucogenogénesis: Glucógeno Sintasa (activándola). Además la insulina activa la Proteína Kinasa B que fosforila a la Glucógeno Sintasa Kinasa 3 inactivándola y previniendo que fosforile e inactive a la Glucógeno Sintasa.

En la rata control se da el nivel más elevado de glucógeno: 333,78 y las glucemias están controladas por la relación insulina/glucagón que regula los procesos de glucólisis/gluconeogénesis y glucogenogénesis/glucogenolisis

En la rata en ayunas y diabética el Glucagón al estimular la producción de AMP_c (por la adenilato ciclasa), que activa la PK_{AMPc}, fosforila a:

I. Glucólisis:

    a. Dominio regulador de PFK-2/FBPasa-2 (activando FBPasa-2), no formando fructosa-2,6-bisP y no activando la FosfoFructoKinasa 1 (glucólisis inactiva).

    b. Piruvato Kinasa (inactivándola)

II. Gluconeogénesis: Fructosa-1,6-BisPasa (activándola). Se necesitan sustratos gluconeogénicos como ciertos aminoácidos (cuya desaminación produce urea)

III. Glucogenolisis: Glucógeno Fosforilasa Kinasa (activándola) y fosforilando a la Glucógeno Fosforilasa (activándola).

IV. Glucogenogénesis: Glucógeno Sintasa Kinasa 3 fosforila e inactiva a la Glucógeno Sintasa

En la rata en ayunas se da un nivel de glucógeno ligeramente menos bajo (130,13) que en la diabética (125) que no puede almacenar la glucosa como glucógeno por carecer de insulina. Respecto a la glucemia, en la rata en ayunas esta regulado por la relación insulina/glucagón que regula los procesos de glucólisis/gluconeogénesis y glucogenogénesis/glucogenolisis manteniendo un nivel parecido a la rata control, en cambio en la rata diabética al carecer de insulina, están activadas constitutivamente la gluconeogénesis y la glucogenolisis que junto con la glucosa de la dieta aumentan significativamente el valor de la glucemia (37,25 = hiperglucemia).

Los valores de glucosa total en el hígado son prácticamente proporcionales a los valores de glucemia ya que la glucosa entra en el hepatocito a través del transportador GLUT que transporta glucosa por difusión facilitada, no regulado por la relación insulina/glucagón.

3. Determinación de TAG, colesterol total y cuerpos cetónicos

Esos 3 compuestos están regulados por la relación insulina/glucagón:

En la rata control la Insulina al activar la Proteína Fosfata desfosforila a:

I. Lipólisis: Lipasa Sensible a Hormona (inactivándola), no moviliza los ácidos grasos, no formando gran cantidad de VLDL (ricas en TAG) ni pudiendo causar cetogénesis.

II. Lipogénesis: Acetil-CoA Carboxilasa (activándola: acetil-CoA + HCO_3^- + ATP = malonil-CoA + ADP + P_i). El malonil-CoA es precursor de los ácidos grasos que se almacenarán como TAG. A su vez el malonil-CoA inhibe la Acil-Carnitina Transferasa I que transporta los acilos que van a sufrir β-oxidación.

III. Síntesis del Colesterol: HMG-CoA Reductasa (activándola) que transforma HMG-CoA en mevalonato, un precursor de isoprenoides.

En la rata en ayunas y sobretodo en la rata diabética el Glucagón al estimular la producción de AMP_c (por la adenilato ciclasa), que activa la PK_{AMPc}, fosforila a:

I. Lipólisis: Lipasa Sensible a Hormona (activándola) moviliza los ácidos grasos que llegan al hígado donde se forma una alta cantidad de VLDL (ricas en TAG) y, cuando se ha consumido todo el glicerol disponible, los ácidos grasos se degradan hasta Acetil-CoA cuyo exceso (si no hay suficiente ácido oxalacético para consumirlo en el Ciclo de los Ácidos Tricarboxílicos) puede producir cetogénesis.

II. Lipogénesis: Acetil-CoA Carboxilasa (inactivándola), no produce malonil-CoA, no produciendo ácidos grasos ni TAG, y no inhibiendo la Acil-Carnitina Transferasa I (transportando acilos para la β-oxidación)

III. Síntesis de Colesterol: HMG-CoA Reductasa (inactivándola)

Por lo dicho anteriormente en la rata control hay menos lipogénesis (menos TAG y colesterol con niveles de 34,22 y 47,53 respectivamente) y no hay cetogenesis; mientras que en las ratas en ayunas y diabéticas hay más lipogénesis (TAG: ayunas (35,48) < diabética (428,33) y colesterol: ayunas (71,20) < diabéticas (75,75)) y más cetogénesis, sobretodo en estas últimas. La hipercolesterolemia no es muy significativa y de hecho las diabetes pueden cursar con esto o no.

4. Determinación de urea

En principio se esperaría un incremento de urea en la rata diabética ya que podría recurrir a la desaminación de aminoácidos gluconeogénicos para mantener una gluconeogénesis activada por el glucagón. Sin embargo este efecto no se observa (diabética (43,75) ≈ control (59,58)) ya que puede haber recurrido a otros sustratos gluconeogénicos como el lactato y el glicerol (este último poco probable ya que estará consumiéndose para formar TAG).

Bibliografía

**Hansen, D; Brock-Jacobsen, B; Lund, E; Bjørn, C; Hansen, LP; Nielsen, C; *et al.* Clinical benefit of a gluten-free diet in type 1 diabetic children with screening-detected celiac disease: a population-based screening study with 2 years' follow-up. *Diabetes Care 29: p. 2452-6. 2006*

Nelson D.L. y Cox M.M.. Lehninger, PRINCIPIOS DE BIOQUÍMICA. *Editorial Omega, 4ª Edición. 2006.*

Stryer L., Berg J.M., Tymoczko J.L. BIOQUÍMICA. *Editorial Reverté S.A., 6ª edición. 2008*